Einen Rasen anlegen

Luke Joseph Doogue

Writat

Diese Ausgabe erschien im Jahr 2023

ISBN: 9789359257167

Herausgegeben von
Writat
E-Mail: info@writat.com

Inhalt

DER KLEINE RASEN, ALT UND NEU

Den Tausenden von ängstlichen Fragestellern, die nach einer Lösung für Rasenschwierigkeiten suchen, wäre es mehr als erfreulich zu sagen, dass ein schöner Rasen durch sehr starken Wunsch erreicht werden könne, aber die Ehrlichkeit zwingt einen dazu, die Worte „starker Wunsch" in „harte Arbeit" zu ändern. „um strikt bei der Wahrheit zu bleiben. Ein gut angelegter Rasen ist ein Zeugnis für einen Rasenden, egal ob die Fläche klein oder groß ist.

Die meisten Anfragen zum Rasenbedarf kommen von Menschen mit kleinen Grundstücken, die nur wenige hundert bis einige tausend Fuß groß sind, und die beschriebenen Symptome lassen sich in zwei Klassen einteilen: Zum einen möchten sie Gras dort wachsen lassen, wo es noch nie zuvor gewachsen ist, und zum anderen wollen sie Gras dort wachsen lassen, wo es noch nie zuvor gewachsen ist. und auf der anderen Seite geht es um Informationen, die bei der Wiederherstellung alter Rasenflächen helfen sollen, die verwelkt sind. Gehen wir zunächst auf die letzte Bedingung ein.

Jahren Gras gewachsen ist, ist dies ein schlüssiger Beweis dafür, dass sich darunter Erde befinden muss, die, möglicherweise aufgrund von Vernachlässigung, nicht mehr die nötige Nahrung liefert, um die Vitalität der darauf wachsenden Grasnarbe aufrechtzuerhalten. Dadurch schleicht sich nach und nach Unkraut ein und verdrängt schließlich jeden Grashalm.

Ein Zustand wie dieser lässt sich leicht beheben und eine Verbesserung in kurzer Zeit und mit sehr geringem Aufwand herbeiführen.

Führen Sie zunächst eine allgemeine Unkrautbeseitigung durch, und zwar so gründlich wie möglich. Nehmen Sie sie mit einem starken Messer heraus und schneiden Sie dabei tief in den Boden. Hierfür eignet sich am besten ein Spargelmesser.

Wenn die zu behandelnde Stelle gespatet werden würde, wäre diese Unkrautentfernung mit dem Messer nicht notwendig, aber das Ziel besteht in diesem Fall darin, den Boden so wenig wie möglich zu stören.

Nachdem Sie das Unkraut aus dem Weg geräumt haben, gehen Sie mit einem scharfen Rechen über die gesamte Stelle und kratzen Sie die Erde bis zu einer Tiefe von einem halben Zoll ein. Denken Sie dabei daran, an Stellen, an denen Gras wächst, nicht zu streng vorzugehen und den Rechen hier leicht anzusetzen. Nach dem Harken den Grassamen dick und gleichmäßig aussäen, einharken und abschließend gießen und walzen. Achten Sie darauf, kräftig zu rollen und regelmäßig zu gießen, dann werden Sie mit Sicherheit gute Ergebnisse erzielen.

Kurz gesagt ist dies die praktischste Art, die beschriebenen Erkrankungen zu behandeln.

Sollten Sie jedoch feststellen, dass der Boden Moos- und Sauerampferflecken aufweist, ist die oben vorgeschlagene Behandlung nicht anwendbar. Das Land ist wahrscheinlich sauer und sollte den ganzen Winter über umgepflügt, gekalkt und rau liegen gelassen werden. Verwenden Sie etwa anderthalb Scheffel luftgelöschten Kalk pro tausend Quadratmeter.

Wenn es darum geht, einen Rasen anzulegen, wo vorher nie einer war, ist der Pflug oder der Spaten die wirksamste Waffe.

Man muss bedenken, dass Gras auf einem Rasen ein hervorragender Futterspender ist und kein Boden zu reichhaltig gemacht werden kann, um seinen Nahrungsbedarf zu decken. Ein Rasen ist eine dauerhafte Bepflanzung und nicht nur für eine Saison gedacht.

Hier ist ein interessantes und geniales Schema, um einen Weg über den
Rasen zu schaffen, ohne den Mähaufwand zu erhöhen. Die Trittsteine
werden bodenbündig verlegt

Beginnen Sie im Herbst mit dieser Vorbereitungsarbeit für einen neuen
Rasen. Spaten Sie das Land bis zu einer Tiefe von zwei Fuß aus oder, noch
besser, pflügen Sie es durch, wenn die Größe des Geländes dies erfordert.
Arbeiten Sie mit reichlich gut verfaultem Mist, und im Winter werden Frost
und Schnee die Bedingungen erheblich verbessern, das Unkraut abtöten und
den Boden weicher machen, wie nichts anderes kann.

Eggen und kreuzen Sie im Frühjahr die Parzelle, glätten Sie die Oberfläche,
harken Sie sie fein und säen Sie die Saat aus. Wenn der Boden jedoch kiesig
ist, ist es sinnlos, ihn mit der Erwartung, gute Ergebnisse zu erzielen, zu
bearbeiten.

Wie gesagt, Sie brauchen einen guten Lehm, in dem Sie Gras wachsen lassen
können. Wenn er also nicht gut ist, müssen Sie den vorhandenen Lehm bis
zu einer Tiefe von zwei Fuß ausgraben und ihn durch geeignete Erde
ersetzen.

Es gibt keine Abkürzung, um mit Hilfe von Düngemitteln Ergebnisse zu
erzielen, denn alle Chemikalien im Land werden nur wenig ausmachen, wenn
die Bodenbedingungen für ihre Aufnahme nicht geeignet sind.

Es geht lediglich darum, das Material bereitzustellen, um Ergebnisse zu
erzielen.

EINE NEUE ART, EINEN KLEINEN RASEN ZU RENOVIEREN

An einem kleinen Ort, an dem die Notwendigkeit einer radikalen Behandlung
offensichtlich ist, es jedoch nicht ratsam ist, die Räumlichkeiten zu diesem
bestimmten Zeitpunkt zu zerstören, können Ergebnisse auf eine Weise
erzielt werden, die wirksam ist.

Nehmen Sie einen runden Stock mit einem Durchmesser von etwa einem
Zoll und einer Länge von etwa einem Meter und schärfen Sie ein Ende
davon. Treiben Sie den Stock in regelmäßigen Abständen über das Gelände
bis zu einer Tiefe von etwa 60 cm. Machen Sie viele solcher Löcher und
rammen Sie eine Mischung aus fein gemahlenem Mist, Hartholzasche und
Knochenmehl hinein. Decken Sie die Löcher mit Lehm ab, legen Sie auf
jedes Loch ein Stück Grasnarbe und schlagen Sie es mit der Rückseite eines
Spatens fest.

Die positiven Auswirkungen dieser Behandlung werden sich schon nach kurzer Zeit bemerkbar machen und in der darauffolgenden Saison kann die Behandlung auf die bisher nicht berührten Stellen ausgeweitet werden. Das bedeutet praktisch, dass das Land so gründlich renoviert wird, als wäre es gepflügt und geeggt worden. Dies ist keine fantasievolle Idee, denn die Operation rechtfertigt die Ergebnisse, wann immer sie versucht wird. Es ist ratsam, einige Zeit lang reichlich und regelmäßig zu gießen.

natürlich insbesondere für sehr kleine Flächen, und eine solche Behandlung großer Flächen bringt nichts.

Sträucher und Bäume profitieren sehr von dieser Art der Nährstoffzufuhr, und wo alte Pflanzen schon lange gewachsen sind und scheinbar verkümmert sind, wird diese Fütterung sie zu sofortigem Wachstum anregen.

DIE BEHANDLUNG GROßER FLÄCHEN

WÄHREND es eine sehr einfache Sache ist, eine kleine Rasenfläche zu gestalten, den Boden zu erneuern und alles Notwendige zu tun, um den Grundstein für einen erfolgreichen Rasen zu legen, wird es eine ganz andere Sache, wenn es um große Flächen geht. Hier bedarf es Geschmack, Erfahrung und Vertrautheit mit den vorherrschenden Verhältnissen, um erfolgreich aus dem Problem herauszukommen. Wenn wir nicht über die nötige Erfahrung verfügen, wäre es nicht sicher, die Arbeit ohne fachkundigen Rat auszuführen.

Ein großes Gebiet zu erschließen bedeutet, ein Bild zu schaffen, das Jahr für Jahr vor unseren Augen stehen soll, es sei denn, es besteht dort ein möglichst harmonisches Verhältnis aller Accessoires – Bäume, Konturen, Ausblicke, Straßen usw Es wird mit Sicherheit eine Zeit ermüdender Monotonie kommen, verursacht durch die Erkenntnis, dass wir aufgrund unserer mangelnden Erfahrung nicht ganz in der Lage waren, den Ort so zu entwickeln, wie er hätte entwickelt werden können.

Ein Stück Boden im Rohzustand muss zunächst durch Entwässerung, Entfernen von Bäumen oder Steinen, Planen von Straßen usw. in Form gebracht werden, bevor mit dem Glättungsprozess begonnen werden kann, und in diesem Rohbearbeitungsprozess entsteht auch das zukünftige Landschaftsbild hergestellt oder zerstört.

Hier kann Ihnen der professionelle Landschaftsgärtner viel Geld und viel Enttäuschung ersparen. Ich habe so viele traurige Ergebnisse bei der Landentwicklung gesehen, bei denen zu viel Selbstvertrauen der Stolperstein auf dem Weg zum Erfolg war, dass ich mich berechtigt fühle, auf die Notwendigkeit zu verweisen, den Rat derjenigen einzuholen, die dazu kompetent sind.

BÄUME RETTEN

Der Rettung von Bäumen, egal ob groß oder klein, sollte große Aufmerksamkeit geschenkt werden. Kleine Bäume können wie große Handelsware gehandhabt und erfolgreich von Ort zu Ort transportiert werden. Der Umzug erfolgt vorzugsweise im Winter. Grabe um sie herum, so dass ein Erdball entsteht, der groß genug ist, um ihn intakt zu halten; Dann muss man diesen Ball lediglich stark gefrieren lassen, bevor man ihn auf einen Steinschlepper kippt und ihn und seine Artgenossen in Positionen bringt, die für die Landschaft am vorteilhaftesten sind.

Das Umsetzen großer Bäume ist zwar mit erheblichem Aufwand möglich und sollte den Profis überlassen werden. Sie verfügen über die nötigen Einrichtungen und aus Erfahrung über das nötige Wissen und Geschick, und das bedeutet viel für den Erfolg. Einige Unternehmen geben sogar eine Bürgschaft als Garantie für ihre Arbeit.

Bäume, um die gepflanzt werden soll, sollten geschützt werden, damit der Boden nicht in eine gewisse Entfernung zum Stamm gelangt. Ein grober Steinhaufen um den Baum herum oder ein kreisförmiges Abflussrohr darum herum bieten den nötigen Schutz. Bäume spielen bei der Verschönerung eines großen oder kleinen Grundstücks eine so wichtige Rolle, dass nichts Notwendiges geopfert werden sollte, bis alle Bemühungen, es zu retten, gescheitert sind.

LAND ENTWÄSSERN

Wenn der Boden durchnässt ist und zu viel Feuchtigkeit speichert, muss dieser Zustand behoben werden, bevor versucht wird, daraus einen Rasen zu machen. Abhilfe schafft die Entwässerung, und zwar durch das Ausheben von Gräben oder durch das Verlegen von Fliesen unter der Erde in unterschiedlichen Abständen, die alle zum tiefsten Teil des Landes tendieren, zu dem das Wasser fließen muss. Die Anzahl der Abflüsse ist nach den bestehenden Verhältnissen zu bestimmen.

Land, das zuvor nicht genutzt werden konnte, wird nach der Installation eines Entwässerungssystems so bewirtschaftet, dass fast alles darauf angebaut werden kann. Auf solchen Flächen angelegte Rasenflächen sind immer üppig und widerstehen selbst länger anhaltender Dürre, indem sie auf die Wasserversorgung zurückgreifen, die tief unter der Oberfläche reicht.

GRASSAMEN

Über das Thema Rasenpflege ist so viel geschrieben worden, dass nahezu jeder, der sich für diese Arbeit interessiert, zumindest theoretisch in der Lage ist, den Prozess der Grundstückserneuerung und -vorbereitung durchzuführen, sei es für einen kleinen Rasen oder eine bestehende Fläche Hektar. Das Thema in diesem Sinne wurde ausführlich behandelt, aber seltsamerweise wurde das ebenso wichtige Thema Grassamen eher vernachlässigt. Während viele Amateure über die Vorbereitung des Bodens frei reden können, sind sie bei der Behandlung von Grassamen nicht so sicher. Es erscheint seltsam, dass dies der Fall ist, wenn für die Herstellung eines erfolgreichen Rasens so viel von der Eignung des Grassamens für das Land abhängt. Der einzige Grund, warum die Menschen sich in dieser Angelegenheit nicht auskennen, liegt meines Erachtens darin, dass sie Angst vor den botanischen Namen von Gräsern haben, die für solche alltäglichen Dinge völlig ungeeignet und zu schwierig in der Aussprache zu sein scheinen. Allerdings steckt in einer Pflanze, die aus einem Grassamen entsteht, genauso viel Individualität wie in der erlesensten Pflanze im Gewächshaus. Eine Art Grassamen wird eine niedrig wachsende Pflanze hervorbringen, während eine andere hoch wächst; der eine wünscht sich eine feuchte Situation, der andere eine trockene; Einige keimen im Schatten, andere nicht und so weiter in der Liste. Wenn jemand jede Art und ihre Möglichkeiten und Anforderungen kennt, kann er das für seine Bedürfnisse am besten geeignete Gras auswählen und durch sorgfältige Versuche die Mischungen mit besserem Erfolg zusammenstellen als der Mann im Großhandel, der raten muss, was ist das Beste für seine Bedürfnisse. Beginnen Sie dann mit der Einführungsklasse und stellen Sie einige der besten Gräser für den Rasen auf und markieren Sie sie mit ihren beiden Namen, dem botanischen und dem gebräuchlichen.

Für abfallende Ufer und Terrassen eignet sich wahrscheinlich eine
Mischung aus Kentucky Blue, Rhode Island Bent, Creeping Bent,
Schafschwingel und Weißklee in den angegebenen Anteilen

Kentucky Blue Grass – *Poa pratensis* . Gut für Rasen; Wächst fast überall
langsam, aber kräftig, außer auf sauren Böden.

Rote Spitze – *Agrostis vulgaris* . Zeigt Ergebnisse schneller als Blue Grass;
gedeiht auf sandigem Boden; gut in Kombination mit Blue Grass.

Englisches Weidelgras – *Lolium perenne* . Wächst schnell und zeigt fast
sofortige Ergebnisse; gut kombinierbar mit dem langsam wachsenden
Blaugras.

Vielblättriger Schwingel – *Festuca heterophylla* . Gut für schattige und feuchte Orte.

Rhode Island Bent – *Agrostis canina* . Hat eine schleichende Angewohnheit; gut für Putting-Greens, sandige Böden.

Kriechender Bent – *Agrostis stolonifera* . Schleichgewohnheit; Gut geeignet für sandige Stellen und zum Abbinden von Böschungen oder abschüssigen Stellen. Kombiniert mit Rhode Island Bent für Putting-Greens.

Haubenhundsschwanz – *Cynosurus cristatus* . Bildet eine niedrige und kompakte Grasnarbe; gut für Pisten und schattige Plätze.

Waldwiesengras – *Poa nemoralis* . Gut für schattige Plätze; ist sehr winterhart.

Rotschwingel – *Festuca rubra* . Gedeiht auf kargen Böden und kiesigen Ufern.

Weißklee – *Trifolium repens* . Gut für Pisten; Für einen Rasen nicht zu empfehlen.

Schafschwingel – *Festuca ovina* . Gut für leichte, trockene Böden.

Mit einer Referenzbibliothek verfügen Sie nun über ausreichende Kenntnisse über die Arten von Samen, aus denen Sie schöpfen können, um Kombinationen zu erstellen, die zu jeder Situation passen. Ich würde Ihnen außerdem empfehlen, zu einem Großhandel zu gehen, sich von jedem dieser Samen eine Probe zu holen und sie zu untersuchen. Besorgen Sie sich jeweils eine kleine Portion in einem Umschlag. Machen Sie eine vergleichende Untersuchung der Samen, indem Sie ein wenig davon in der Handfläche halten. Wenn Sie jeden Samen betrachten, wiederholen Sie ein paar Mal seinen Namen und erinnern Sie sich an seine Eigenschaften, und Sie werden überrascht sein, dass Ihnen beim zweiten oder dritten Versuch jeder Name in den Sinn kommt, sobald Ihr Blick auf dem Samen ruht. Wenn Sie sich mit den Samen auskennen, können Sie dann zu Ihrem Händler gehen und ihm sagen, was Sie wollen – nicht unbedingt das, was er zu wollen glaubt. Dann sind Sie ein besserer Richter als er.

Es lohnt sich, das Thema weiter zu verfolgen, denn die Ergebnisse werden die Mühe mehr als lohnen. Testen Sie die Samen. Machen Sie flache Kisten, füllen Sie sie mit Lehm und säen Sie jede Art von Samen wie auf einem Rasen. Bringen Sie am Kopf der Schachtel ein Etikett an und vermerken Sie darauf den Zeitpunkt der Aussaat. Tun Sie dies mit so vielen wie möglich. Dann beobachten und notieren Sie sich die Zeit, die zum Keimen benötigt wird. Beachten Sie auch den Charakter der Klingen. Wenn Sie dies abgeschlossen haben, verfügen Sie über eine sehr umfassende Ausbildung im Bereich Gras.

Wenn Sie nicht wie oben beschrieben vorgehen möchten, sind Sie auf andere angewiesen, um das zu bekommen, was Sie am meisten brauchen. Wenn Sie zu einem Dutzend Leuten gehen und sie bitten würden, eine Kombination von Samen vorzuschlagen, würden sie Ihnen alle bereitwillig antworten, aber keine zwei Proportionen wären gleich. Wenn Sie nach einem einzelnen Gras fragen würden, würde die Mehrheit Kentucky Blue Grass vorschlagen. Für ein einzelnes Gras gibt es nichts, das für alle Bedingungen besser geeignet ist. Es gibt jedoch einen Einwand dagegen: Es ist kein Gras für nervöse Männer. Sie können es nicht heute pflanzen und nächsten Monat einen Rasen haben. Wenn Sie es sich leisten können zu warten, säen Sie Kentucky Blue und Ihre Geduld wird belohnt. Es entsteht ein dauerhafter Rasen.

Um den Fertigrasen vorzustellen, verwenden Sie eine Kombination aus Kentucky Blue, Red Top und English Rye. Das Blue Grass ist langsam, aber Rye und Red Top liefern schnellere Ergebnisse. Im ersten Monat erscheint auf der neu bepflanzten Fläche ein grüner Teppich. Mit der Zeit vergeht der Roggen, das Rotgras deckt weiter ab, während das Blaugras von Tag zu Tag kräftiger wird, bis es aus eigener Kraft alles verdrängt. Verwenden Sie 12 Pfund. Kentucky Blue Grass, 5 Pfund. von Red Top und 3 Pfund. Geben Sie pro Scheffel englisches Weidelgras und säen Sie 3½ bis 4 Scheffel pro Hektar. Das ergibt eine zuverlässige Kombination. Es kommt häufig vor, dass Menschen nach Gras fragen, das an schattigen Orten wächst, aber es ist immer schwierig, den Grad der Beschattung zu bestimmen. Ein Ort kann schattig und dennoch für den Grasanbau geeignet sein, oder er kann so schattig sein, dass dort bekanntermaßen kein Gras zum Keimen gebracht werden kann. An Orten, an denen es nicht stark tropft und der Boden nicht völlig dunkel ist, verwenden Sie Folgendes:

Kentucky Blue Grass, Waldwiesengras, Vielblättriger Schwingel und Haubenhundsschwanz. Verwenden Sie 35 Prozent. der ersten beiden und 15 Prozent. der letzten beiden.

Der Rasen auf einem Putting-Green oder Tennisplatz muss dicht und niedrig sowie robust sein. Rhode Island Bent und Creeping Bent werden häufig in Kombination auf sandigem Boden eingesetzt, um das Wachstum zu bremsen

Für Bedingungen, die ein schnell wachsendes Gras und etwas erfordern, das sich auch unter schwierigen Bedingungen an Hängen festhält, wird Folgendes empfohlen: Kentucky Blue Grass, 30 Prozent; RI Bent, 30 Prozent; Creeping Bent, 25 Prozent; Schafschwingel, 10 Prozent, und Weißklee, 5 Prozent. Dies ist einer der Orte, an denen Weißklee unverzichtbar ist. Unter diesen Bedingungen erfüllt es seine Mission perfekt. Auch wenn nicht alle genannten Arten gedeihen, wird es doch genug geben, um die Arbeit erfolgreich zu machen.

Der Rasen auf einem Putting-Green muss dicht und niedrig sein und robust genug, um einer starken Beanspruchung standzuhalten. Eine Kombination aus Rhode Island Bent und Creeping Bent eignet sich für diesen Zweck am besten. Um dies zu überprüfen, schauen Sie einfach noch einmal in Ihrem Zeitplan nach und schauen Sie nach, was darin über die Eigenschaften dieser Gräser steht.

Der Boden auf einem Putting-Green sollte sandig sein. Dadurch bleibt das Gras aufgrund von Nahrungsmangel verkümmert und eignet sich somit besser für seinen Zweck.

Kaufen Sie Grassamen niemals scheffelweise. Kaufen Sie es nach Gewicht oder legen Sie fest, dass ein Scheffel so viele Pfund haben soll. Es wird Sie einen hohen Preis kosten, aber am Ende wird es weitaus günstiger sein, als etwas Billiges zu kaufen, das mehr als ein Drittel aus Kehricht und nutzloser

Masse besteht. Sie verlieren mit Sicherheit nichts, wenn Sie das allerbeste Saatgut kaufen, das Ihr Händler Ihnen anbieten kann.

Scheuen Sie sich nicht, vor dem Kauf nach Mustern zu fragen. Besorgen Sie sich auch Muster von verschiedenen Orten und vergleichen Sie die verschiedenen Samen. Breiten Sie sie in Ihrer Hand aus und prüfen Sie, ob sie sauber und frei von Spreu sind. Ein Saatgut mit hohem Staub- und Spreuanteil lohnt sich nicht zu kaufen. Sie sollten prüfen, ob Sie das bekommen, wofür Sie bezahlen. Wenn Sie nachweisen, dass Sie das richtige Saatgut kennen, erhalten Sie vom Händler eine äußerst respektvolle Anhörung. Scheuen Sie sich nicht vor dem Preis für erneut gereinigtes Saatgut. Das bedeutet, dass Sie etwas für Ihr Geld bekommen. Es ist viel mehr wert als das in großen Mengen verkaufte Saatgut, das nicht erneut gereinigt wurde.

Den Samen aussäen

Zum Vergleich: Was einem Rasen am nächsten kommt, ist ein Pflanzenbeet, das Sie jeden Frühling in Ihrem Garten anlegen. Wenn Sie glauben, dass es Zeit zum Pflanzen ist, gehen Sie mit einem Spaten oder einer Gabel zu diesem Beet und heben die Erde vom tiefen Boden her auf, geben reichlich gut verrotteten Mist hinein und pflegen so den Boden entsprechend seinen Bedürfnissen. Anschließend pflanzt man die Pflanzen auf, gräbt Unkraut aus und bewässert die Stelle anschließend gezielt. Für diese Arbeit erhalten Sie den Lohn in Form einer Fülle von Blüten und Blättern.

Ebenso ist ein Rasen ein Beet voller Pflanzen, das ebenso viel Pflege benötigt. Gras ist nichts anderes als eine Ansammlung tausender zusammengedrängter kleiner Pflanzen, die Nahrung benötigen und von denen das Unkraut entfernt werden muss. Ebenso muss der Boden nach Bedarf mit Wasser versorgt werden und die Erde muss bis in eine gute Tiefe für die Wurzeln locker gemacht werden. Es spielt keine Rolle, wie viel Sie für Ihre Grassamen bezahlen, wie gut oder schlecht sie sind oder welche Art von Düngemitteln Sie verwenden, wenn das Beet nicht von vornherein richtig vorbereitet wurde. Ohne diese grundlegende Vorbereitung werden Graspflanzen nicht wachsen oder, wenn doch, nicht gedeihen.

Es ist ein ziemlicher Trick, die Grassamen gleichmäßig auszusäen, damit sie keimen, ohne dass die Parzelle einen fleckigen Effekt bekommt. Die Aussaat sollte in einer Menge von etwa drei Scheffel pro Hektar erfolgen, und diese Aussaat kann nur an einem ruhigen Tag erfolgreich durchgeführt werden. Selbst ein sehr leichter Wind kann dazu führen, dass sich Ihr Saatgut auf dem Grundstück Ihres Nachbarn oder auf Ihrem eigenen Grundstück an unerwünschten Stellen anhäuft. Bewahren Sie das Saatgut während der Aussaat in einem Eimer auf und beugen Sie sich, nachdem Sie eine Handvoll davon genommen haben, nah an den Boden und lassen Sie das Saatgut durch Ihre Finger dringen, während der Arm im Halbkreis hin und her schwingt. Das ist viel einfacher zu sagen als zu tun, aber mit ein wenig Erfahrung wird man recht kompetent sein. Um noch mehr zu helfen, säen Sie den Samen auf zwei Arten, eine im rechten Winkel zueinander. Nach der Aussaat leicht harken und anschließend mit einer schweren Walze abschließen.

Während eine dichte Aussaat den Vorteil hat, das Wachstum von Unkraut zu verhindern, gibt es eine Grenze, die nicht sicher überschritten werden kann. Zu dicht gesätes Saatgut verfilzt und wird feucht, sodass große Flecken auf dem Rasen zurückbleiben. Überschreiten Sie nicht die oben empfohlene Menge.

Die Frühjahrssaat sollte erfolgen, sobald der Boden frostfrei ist. Diese frühe Aussaat gibt dem jungen Gras die Möglichkeit, sich zu etablieren, bevor die starke Sommerhitze eintritt. Sorgfältiges Gießen mit einem feinen Sprühstrahl ist erforderlich, und wenn es regelmäßig durchgeführt wird, führt dies zu einer schnellen Keimung. Beim Gießen den Samen nicht durch einen zu starken Strahl auswaschen.

Verdammt

Wie bei der Aussaat sollte auch die Begrünung im zeitigen Frühjahr oder Herbst erfolgen, um die besten Ergebnisse zu erzielen. Oft ist es notwendig, die Arbeit im Hochsommer durchzuführen. Dies ist zwar nicht ratsam, lässt sich aber erfolgreich bewerkstelligen, wenn die Grasnarben kurz nach dem Schneiden gelegt und dann jeden Tag reichlich bewässert werden, bis die Gefahr des Austrocknens vorüber ist.

Um die Grasnarben aneinander zu stoßen, verwenden Sie einen Holzhammer und schlagen Sie die Grasnarbe in engen Kontakt mit dem darunter liegenden Lehm, wobei Sie alle Fugen glätten, damit das Wachstum gleichmäßig ist.

Das unvermeidliche Ergebnis der Aussaat einer billigen, fertigen Grassamenmischung. Es lohnt sich, die Eigenschaften der verschiedenen Elemente zu studieren und eine eigene Mischung herzustellen

Umranden Sie große Saatflächen mit einem Rasensaum, der der Arbeit einen klaren Rand und ein gepflegtes Aussehen verleiht. Wenn Sie einen Ort kennen, an dem das Gras besonders gut wächst, lohnt es sich, dort ausreichend Grasnarben zu kaufen, um Ihren Bedarf zu decken. Geschnittene und gelieferte Grasnarben kosten etwa acht Cent pro Quadratfuß. Dieser Preis kann etwas schwanken, wenn die Grasnarben in großen Mengen gekauft werden und das Schneiden und Transportieren von Ihnen selbst durchgeführt wird. Die Arbeit wird auf jeden Fall teuer sein.

Auf Ufern und Terrassen ist die Verwendung von Grasnarben der Saat vorzuziehen. Die Grasnarben können mit Holzpflöcken befestigt werden, die sieben bis zwanzig Zoll tief in das Ufer getrieben werden. Streuen Sie über diese Arbeit etwas Saatgut und geben Sie eine leichte Beizung aus Lehm; Dann das Ganze auf eine ebene Fläche klopfen.

des Ufers bilden . Dies hat den doppelten Zweck, eine dauerhafte Grasnarbe zu schaffen und gleichzeitig eine 25 cm dicke Lehmschicht zu schaffen, von der es sich ernähren kann.

Guter Lehm und Dünger

LEHM ist knapp; das heißt, *guter* Lehm ist knapp. Um den Mangel auszugleichen, sollte jeder einen Komposthaufen anlegen und darauf Blätter, Rasenharken , Grasnarbenstücke und all diese Dinge stapeln, die mit der Zeit durch Zersetzung zu dem so begehrten Humus reduziert werden. Eine kleine Menge dieses Humus, gemischt mit ziemlich gutem Lehm, ergibt einen guten Lehm, der für die Erhaltung des Pflanzenlebens geeignet ist.

Im Herbst, wenn die Blätter von den Bäumen fallen, ist es eine gute Idee, die angesammelten Blätter aus den Dachrinnen aufzusammeln und auf den Komposthaufen zu legen. Es mag mit ein wenig Aufwand und Mühe verbunden sein, aber es besteht kein Zweifel daran, dass Sie sich voll entschädigen werden, wenn Sie feststellen, dass Sie echten Lehm benötigen.

In der Nähe von Städten kostet Lehm von sehr minderer Qualität mindestens 2 US-Dollar pro Kubikmeter, und wenn man eine Menge Blattschimmel hat , der wie empfohlen hergestellt wurde, und ihn mit diesem Lehm mischt, kann eine sehr wünschenswerte Qualität hergestellt werden. Der Blattschimmel ist das Leben des Bodens und für zufriedenstellende Ergebnisse unbedingt erforderlich.

FRÜHLINGS-TOP-DRESSING

Ein richtig angelegter Rasen wird nicht leiden, wenn er nicht jährlich gedüngt wird, denn er verfügt über genügend Nährstoffe im Boden, um ihn jahrelang am Leben zu halten.

So seltsam es auch klingen mag, viele gute Rasenflächen wurden durch die Jahr für Jahr starke Mistausbringung ruiniert. Wenn auf gutem Boden eine Topdüngung erforderlich ist, liefern kanadische Hartholzasche und Knochenmehl alle notwendigen Nährstoffe. Verteilen Sie die Asche dick auf dem Rasen, bis sie weiß auf dem Gras zu sehen ist, und führen Sie die Arbeit vorzugsweise vor einem Regen durch, damit die Nährstoffe in den Boden gespült werden können.

Die Asche aus kanadischem Laubholz, wie sie normalerweise auf dem Markt zu finden ist, enthält zwischen einem und fünf Prozent. Kali, aber um die gewünschten Ergebnisse zu erzielen, sollte die Asche sieben bis neun Prozent enthalten. Kali. Wenn Sie diesen Dünger in großen Mengen kaufen, verlangen Sie eine garantierte Analyse, sonst besteht die Gefahr, dass Sie etwas bekommen, das kaum besser ist als das, was Sie aus Ihrem Ofen nehmen, und das für Rasenzwecke völlig unbrauchbar ist. Es gibt gute Asche auf dem Markt und man kann sie bekommen, wenn man sie energisch genug angeht und einen Hinweis darauf gibt, dass man weiß, was gute Asche ist.

Wenn es nicht möglich ist, das zu bekommen, was Sie suchen, würde ich empfehlen, Kalisalz mit fein gesiebtem Lehm zu mischen und es gleichmäßig über das Gras zu verteilen. Diese Behandlung ist immer wirksam, da Sie absolut sicher sind, dass Sie das bekommen, was für das Land notwendig ist.

MIST-TOP-DRESSING

Viele bevorzugen unabhängig von den Bedingungen die Verwendung einer Düngerdüngung. Es bringt sicher mehr oder weniger Unkraut mit. Wenn Sie sich jedoch für die Verwendung entscheiden, greifen Sie zu einer gründlich zersetzten Sorte, da diese ein Minimum an Unkraut bedeutet. Ich möchte nicht den Eindruck erwecken, dass ich versuche, den Düngewert von Gülle herabzusetzen. Ich bin davon überzeugt, dass man beim Anlegen des Rasens eine großzügige Menge davon in den Boden einarbeiten sollte, und ich glaube auch, dass Kanadaasche und Knochenmehl auf einem solchen Boden sehr viel besser geeignet sind, den Rasen auf dem Rasen zu halten, als ein Top-Dressing von Mist.

Einer der schwierigsten Orte, an dem man einen Rasen anlegen kann, ist unter großen schattenspendenden Bäumen. Eine Kombination aus Kentucky Blue, Wood Meadow, Vielblättrige Schwingel und Schopfhundschwanz ist meist erfolgreich

Wenn Sie Mist als Top-Dressing verwenden, tragen Sie ihn nicht zu dick auf und lassen Sie ihn im Frühjahr nicht zu lange auf dem Gras liegen. Mit keinem dieser Fehler ist etwas gewonnen, und es kann zu vielen Tötungen kommen.

Es gab eine Zeit, vor einigen Jahren, als es möglich war, Schafmist zu kaufen, der etwas wert war, aber heute wird er in Pulverform verkauft und lässt den starken Verdacht auf Verfälschung aufkommen und sehr viel mehr enthalten, als er ist bezahlt wird. Wenn es Ihnen möglich ist, guten Schafsmist zu bekommen, verwenden Sie diesen auf jeden Fall. Es ist effizient, sauber und produziert nur sehr wenig Unkraut. Es wird am besten in einer Menge von etwa einer Tonne pro Hektar verwendet.

Nitrat ist ein sehr starkes Stimulans und führt zu schnellen Ergebnissen. Es ist wirtschaftlich und erfordert nur kleine Mengen, um große Flächen abzudecken. Spread-Sendung, ca. 175 Pfund. zum Acre; oder, aufgelöst, 3 Pfund. auf alle 100 Gallonen. aus Wasser. Die Trockenanwendung sollte immer vor einem Regenschauer erfolgen, da es sonst zu starkem Verbrennen des Grases kommen kann. Für eine gelegentliche Anwendung ist es in Ordnung, diesen Dünger zu verwenden, aber für die ganzjährige Düngung sollte er mit anderen Düngern abgewechselt werden.

RASENMÄHER, WALZE UND SCHLAUCH

NACHDEM Sie den Boden angelegt, Ihren Samen gesät und gekeimt haben, ist Ihre Mühe noch nicht vorbei, denn es ist eine kritische Zeit, in der Sie das zarte Gras in einen robusten Zustand bringen müssen.

Junges Gras sollte nicht geschnitten werden, bevor es eine Höhe von 7,5 cm erreicht hat. Das bedeutet, dass eine Sense dem Rasenmäher vorzuziehen ist, da es schwierig ist, die Messer hoch genug zu bringen, um diese Länge zu ermöglichen. Versuchen Sie beim ersten Schneiden, dies an einem bewölkten Tag zu tun, da dies die Gefahr von Verbrennungen oder Verbrennungen verhindert. Nach ein paar Wochen ist das Gras so widerstandsfähig, dass es von häufigem Schneiden profitiert – sogar zweimal pro Woche.

Die Walze sollte nach jedem Mähen verwendet werden, und obwohl sie durch das Zerkleinern des zarten Grases scheinbar Verletzungen verursacht, sorgt sie in Wirklichkeit für eine feste und kompakte Grasnarbe. Achten Sie im Hochsommer, wenn das Wetter sehr heiß ist, darauf, nicht zu dicht zu ernten, da die Wurzeln sonst durch die Sonne abgetötet werden könnten.

Wenn Sie Ihren Rasen schneiden , ist es eine große Ersparnis, wenn Sie an Ihrem Rasenmäher eine Art Grasfangkorb haben. Eines kann leicht hergestellt werden, aber sehr praktische Exemplare werden zu einem kleinen Preis verkauft. Sie verhindern die Abnutzung des Rasens, die durch das harte Harken entsteht, das bei Nichtgebrauch erforderlich ist.

Es gibt einen guten Grasfangkorb, der in die Rückseite aller Maschinen passt; Es ist sehr effektiv und kostet etwa fünfzig Cent. Es fängt das gesamte Gras, das von der Maschine kommt, so effektiv auf, dass anschließend nur wenig geharkt werden muss. Wenn Sie den Rechen bevorzugen , verwenden Sie am besten einen aus Holz, da Eisenzähne einer schweren Grasnarbe großen Schaden zufügen.

Wenn das Gras häufig gemäht wird, kann das Schnittgut bedenkenlos auf dem Boden liegen gelassen werden, schweres Gras sollte jedoch immer aufgesammelt werden.

DER RASENMÄHER

Es gibt Hunderte von Rasenmäher-Marken auf dem Markt, aber nur wenige von ihnen überstehen den harten Einsatz einer Saison. Es wird sich herausstellen, dass es sich bei diesen wenigen um die Standardmarken mit gutem Design handelt und sie einen scheinbar hohen Preis kosten. Wenn Sie einen Rasenmäher mit einem Pfund Tee bekommen, können Sie sicher sein, dass es an der Zeit ist, misstrauisch zu sein, ungeachtet der hübschen

Lackierung und Verzierung, die ihn zu einer Symphonie der Farben machen. Ein guter Mäher bedeutet, dass Ihr Rasen nach dem Schneiden gut aussieht, und es bedeutet auch, dass die zunächst scheinbar hohen Kosten in den kommenden Jahren alles sein werden, was Sie ausgeben müssen. Ein solcher Mäher ist praktisch unzerstörbar.

Führen Sie während der Saison ein- oder zweimal eine Überholung durch. Gras und Splitt können eindringen und wenn sie nicht entfernt werden, wird die Effizienz der Maschine stark beeinträchtigt.

„Verwenden Sie gutes Öl", klingt wie im Automobiljargon, trifft aber genauso stark auf einen Rasenmäher zu. Billiges Öl ist auf Dauer teuer, da es dicker wird, die Lager verstopft und es dem Mäher unmöglich macht, seine optimale Leistung zu erbringen.

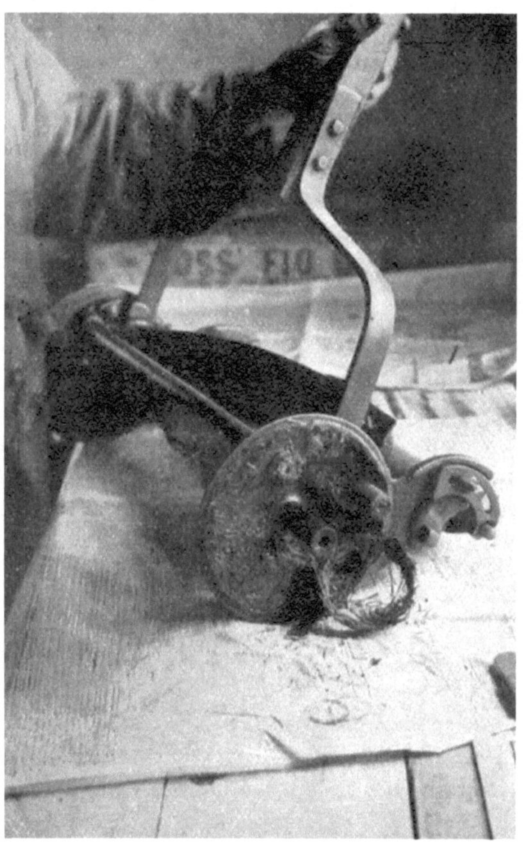

Es ist überraschend, wie viel Gras und Schmutz in den Rasenmäher gelangt. Nehmen Sie es einmal pro Saison auseinander, um es zu reinigen und zu ölen

Es mag übertrieben erscheinen, sich auf solch triviale Details einzulassen, aber es sind gerade diese kleinen Dinge, die die Anschaffung und Pflege eines Rasens ausmachen.

DER ROLLER

Neben gutem Saatgut zum Aussäen auf richtig vorbereitetem Boden ist beim Rasenbau eine geeignete Walze, die je nach Bedarf eingesetzt werden kann, von entscheidender Bedeutung. Nur wenige Menschen sind sich darüber im Klaren, welche wichtige Rolle eine Walze bei der Pflege einer Rasenfläche spielt, aber es ist keine Übertreibung zu sagen, dass erfolgreiche Ergebnisse ohne eine solche Walze schwierig, wenn nicht gar unmöglich zu erreichen sein werden. Verwenden Sie zu Beginn des Frühlings eine Walze – eine schwere Walze – auf Ihrem Rasen, um die Schäden zu reparieren, die durch das Einfrieren und Auftauen im Winter verursacht wurden.

Durch das frühe Walzen wird die Oberfläche geebnet, die Erde wird um die Graswurzeln gepresst und ermöglicht es diesen, die Feuchtigkeit aus der Tiefe des Bodens abzusaugen. Eine Walze sollte häufig und nicht einmal pro Saison verwendet werden. Seine konsequente Anwendung bedeutet, dass Sie weniger Unkraut, dichteres und besser gefärbtes Gras haben; Die verunstaltenden Maulwürfe können den Boden nur schwer durchgraben, die Feuchtigkeit bleibt länger erhalten und der gesamte Rasen ist in einem spürbar besseren Zustand.

Die alte Steinwalze war ein Folterinstrument und für die Rasenarbeit, wie vermutet, fast völlig ungeeignet. Mittlerweile gibt es Dutzende kugelgelagerter Rollen auf dem Markt, die sehr einfach zu handhaben sind. Die verstellbare Variante, in der sich Fächer für Sand oder Wasser befinden, um das Gewicht zu variieren, sollte gekauft werden. Damit haben Sie eine Walze, die leicht genug für die Aussaat oder schwer genug für Straßenarbeiten ist, und die Preise sind nicht unerschwinglich.

DER SCHLAUCH

Der Schlauch ist ein Thema, dem sehr wenig Aufmerksamkeit geschenkt wird. So paradox es auch klingen mag, nicht jeder Gummischlauch ist gleich Gummischlauch, und aus diesem Grund leiden viele Rasenflächen unter Wassermangel, weil sich der angebliche Gummischlauch, als er am meisten gebraucht wurde, als eine Kombination aus Papier und Abfall erwiesen hat. Ein Schlauch erster Qualität kostet 20 bis 30 Cent pro Fuß – ein schrecklicher Preis, wenn man ihn mit dem Schnäppchenpreis von vier Cent pro Fuß vergleicht. Die teure Variante hält jahrelang, und selbst wenn sie Anzeichen von Abnutzung aufweist, kann sie durch eine ordnungsgemäße Reparatur noch viele Jahre länger verwendet werden. Der billige Schlauch platzt einmal, und sein Nutzen ist erschöpft, denn der erste Platzer ist nur die Vorstufe zur völligen Auflösung.

Wenn ein guter Schlauch platzt, lässt er sich am besten reparieren, indem man ihn vollständig durchschneidet, den beschädigten Teil entfernt und dann die Enden mit einer kleinen Messinghülse verbindet, die leicht in jedes der abgetrennten Enden eingeführt werden kann und umgekehrte Zinken hat, um ein Herausrutschen zu verhindern . Dies ist einer der besten Fertigflicker auf dem Markt und verlängert die Lebensdauer eines Schlauchs um Jahre.

Bewahren Sie Ihren Schlauch auf einer Trommel auf. Leeren Sie das Wasser aus, bevor Sie es aufziehen, und lassen Sie es niemals in der Sonne liegen. Letzteres ist ein sehr häufiger Fehler und die Ursache dafür, dass viele gute Schläuche beschädigt werden.

Eine weitere scheinbar triviale, aber wichtige Sache ist, davor zu warnen, den Schlauch so am Wasserhahn zu befestigen, dass er sich im rechten Winkel vom Wasserhahn löst.

Für normale Zwecke ist ein Schlauch mit einer Größe von einem halben Zoll am besten geeignet. Es kostet vor allem weniger, ist einfacher zu handhaben und der Verschleiß ist viel geringer als bei den größeren Größen.

Man sieht nie einen Gärtner, der irgendeine Sprühvorrichtung am Ende eines Schlauchs benutzt. In Daumen und Zeigefinger, die er gekonnt über den fließenden Strahl bewegt, verfügt er über eine Kombination von Sprühgeräten, die nach Belieben den stärksten Strahl oder den feinsten Nebel erzeugen können. Dies ist zu empfehlen, aber nur wenige werden sich darum kümmern, die erforderliche Ausbildung zu absolvieren, um die Effizienz eines Gärtners zu erlangen.

UNKRAUT UND ANDERE SCHÄDLINGE

SELBST, wenn Sie tausend Dollar pro Scheffel für Ihre Grassamen bezahlen und dann genauso viel mehr für die Vorbereitung Ihres Landes ausgeben würden, könnten Sie leider nicht darauf verzichten, Unkraut zu haben.

Wenn man sie hat, muss man sie loswerden, und das gelingt nur, indem man sie mit einer Beharrlichkeit bekämpft, die der Menge des Unkrauts entspricht. Das Messer ist hierfür die einzige echte Waffe. Nachdem Sie Ihr Unkraut ausgegraben haben, säen Sie Grassamen mit der Absicht, das Gras so dicht wachsen zu lassen, dass kein Platz mehr für das Unkraut ist, sich hineinzuschleichen. Löwenzahn und Kochbananen sind einfache Dinge, die leicht zu handhaben sind, bei denen sich jedoch Krebsgras zeigt Es liegt sicherlich noch viel Arbeit vor uns, das Beste daraus zu machen. Es ist ein Zerstörer ersten Ranges, eine wahre Plage. Es ist ein einjähriges Gewächs, das sich jedes Jahr selbst aussät und beim ersten Frost abstirbt, sodass große kahle Stellen im Rasen zurückbleiben, um zu zeigen, wo es war. Selbst nachdem es durch den Frost getötet wurde, ist sein verderblicher Einfluss nicht zu Ende, denn es hat seine Samen für die Ernte im nächsten Jahr ausgebreitet.

Wenn Sie es finden, graben Sie es aus. Es bedeutet viel Arbeit, aber es ist der einzige Weg, es zu meistern. Stellen Sie die Messer des Rasenmähers niedrig ein, und nachdem Sie das Gras mit einem Rechen hochgezogen haben, fahren Sie mit der Maschine darüber; und dies sollte zu Beginn des Jahres, vor Juli, erfolgen. Es gibt kein Unkraut, das so lästig wäre.

Auf neu angelegten Rasenflächen lässt sich das Unkraut leicht entfernen und sollte sorgfältig beobachtet werden, damit es nicht zu weit vordringt. Vogelmiere ist fast so schädlich wie Krabbengras, und wenn Sie die Kombination aus Krabbengras und Vogelmiere finden, besteht die einfachste Lösung darin, den Platz im Herbst zu spaten oder zu pflügen und ihn für den Winter frei zu lassen.

Für die breitblättrigen Unkräuter gibt es auf dem Markt ein Präparat aus sogenanntem Sand, das ich mit sehr gutem Erfolg ausprobiert habe. Ich streue es auf das Unkraut und innerhalb einer Stunde ist es geschrumpft und schwarz geworden.

Obwohl es zweifellos sehr wirksam bei der Zerstörung des Spitzenwachstums ist, kann ich nicht sagen, dass es den Wurzeln überhaupt schadet und sie vielleicht sogar zu neuem Wachstum in der folgenden Saison anregen kann. Meine Erfahrung damit war jedoch erfreulich, denn sobald das Unkraut verwelkt war, säte ich Grassamen ein, der schnell keimte.

Es gibt nur einen sicheren Weg, Unkraut zu beseitigen, und zwar indem man es mit einem Messer herausschneidet, sobald es auftaucht. Eine Verzögerung des Angriffs gibt ihnen Zeit, schwere Verstärkungen heranzuziehen

WÜRMER, AMEISEN UND MAULWÜRFE

Sehr oft wirken Regenwürmer auf einer Rasenfläche sehr unschön. Wenn viele vorhanden sind, ist dies ein Hinweis darauf, dass die Erde in einem schlechten Zustand ist, verdichtet ist und Humus benötigt. Eine Anwendung von starkem Kalkwasser treibt viele an die Oberfläche, wo sie aufgekehrt werden können; oder ein schweres Rollen mit einem Gewicht von 1.500 Pfund. Roller wird viel dazu beitragen, sie zu entmutigen.

Es ist überraschend, wie viel Schaden eine Ameisenkolonie auf einem Rasen anrichten kann. Man sollte sich um sie kümmern, sobald sie das erste Mal bemerkt werden, denn sie wirken schnell, und je länger man sie vernachlässigt, desto schwieriger ist es, sie auszurotten.

Es werden viele Heilmittel empfohlen, aber das beste ist die Verwendung von Schwefelkohlenstoff . Dies ist zwar sehr effektiv, wird jedoch mittlerweile so häufig verwendet, dass bei der Handhabung Vorsicht geboten ist. Es ist sehr flüchtig und in der Nähe von Flammen stark explosiv und sollte mit großer Vorsicht gehandhabt werden. Gießen Sie es in die Laufbahnen der Ameisen und werfen Sie dann eine Matte darüber. Die Dämpfe werden alle Ameisen schnell töten. Eine bessere Möglichkeit besteht jedoch darin, an mehreren Stellen, an denen sich die Kolonie befindet, einen Stock in den Boden zu treiben, den Kohlenstoff in diese Löcher zu gießen und die Löcher anschließend fest zu verschließen.

Maulwürfe kommen häufig auf Rasenflächen vor, sind aber nicht gefährlich, da sie leicht durch starkes Rollen oder durch Fangfallen bekämpft werden können. Besteht der Verdacht auf das Vorhandensein von Muttermalen, sollte keine Zeit mit deren Verfolgung verschwendet werden. Sie arbeiten manchmal lange, bis ihre destruktiven Langweiler offensichtlich werden, und dann wird es viel Mühe kosten, ihnen einen Schritt voraus zu sein. Halten Sie die schwere Walze als hervorragende Vorbeugung in Betrieb.